服装创意设计实务

FASHION ORIGINALITY
DESIGN PRACTICE

东南大学出版社

图书在版编目（CIP）数据

服装创意设计实务 / 许可著. —南京：东南大
学出版社，2017.12（2024.8 重印）
ISBN 978-7-5641-7487-3

Ⅰ. ①服… Ⅱ. ①许… Ⅲ. ①服装设计 Ⅳ. ①TS941.2

中国版本图书馆 CIP 数据核字（2017）第 281508 号

服装创意设计实务

出版发行：东南大学出版社
社　　址：南京市四牌楼 2 号　邮编：210096
出 版 人：江建中
责任编辑：史建农
网　　址：http://www.seupress.com
电子邮箱：press@seupress.com
经　　销：全国各地新华书店
印　　刷：广东虎彩云印刷有限公司
开　　本：889 mm×1 194 mm　1/16
印　　张：6.25
字　　数：170 千字
版　　次：2017 年 12 月第 1 版
印　　次：2024 年 8 月第 3 次印刷
书　　号：ISBN 978-7-5641-7487-3
定　　价：45.00 元

前言

本书是编者从教16年的一个教学回顾和总结。从课堂教学、参赛指导、科研项目中，共选取了80余套服装设计方案，精选了11个作品系列，通过效果图—灵感来源—色彩—面料—平面结构图五个板块，详细记录了服装创意设计的整个过程。更是从中选取了2个典型案例，以图文结合的方式表达了设计作品的创意切入点、创意手法以及创新所在，提供给读者对怎样进行创意类服装设计，以更直观、更通俗的教学展示。

与同类院校服装设计作品集相比较，本书集中了当代最全面的服装创意设计的创作技巧，不仅从时装画创作的角度，更是结合了企业的一些设计流程，从款式、色彩、面料三要素，以及结构、装饰、工艺等其他方面，进行了全面的创作过程展示。本书方便大家在课程和赛事等具体项目中，更快、更好、更全面地捕捉设计灵感，寻求最具个人风格的表现形式完成作品的创作。本书还选取了一批近几年的优秀设计效果图，以供广大读者欣赏和学习。

许可

江苏金陵科技学院艺术学院服装系
服装设计专业教师，主要担任创意
服装设计、服装品牌运作、服装风
格设计等的相关课程教学。

主要经历：

1987年 中国纺织大学（现东华大学）服装系工艺美术专业就读
1991年 日本ICF日本语学校就读
1993年 日本日出服饰学院就读
1995年 日本浅草藏前艺术商会就职
1998年 上海织田服装有限公司就职
2000年 上海丝绸集团品牌发展有限公司就职
2002年 江苏金陵科技学院艺术学院就职

《放松》

• 尝试通过服装作品，呼唤人们对RELAX状态的渴望及努力。

• 将RELAX精神表现在服装中，凭借各种民间面料及装饰物的体现娓娓道来，让观者在审视之余再一次反思现在和过去。

• 大自然的过度开发、亲情的冷漠、生活的本源、人类的存在，审视反思之后也许就会豁然开朗，明白些许生活的真谛了。

作品1

RELAX

《简析传统礼教文化在服装无骨造型中的渗透》

《光痕》

- 作品以经典的西服作为每款的单品基础，在细节中融入和服、礼服等
多种设计元素。
- 更以中国的皮影作为图案的创新突破，通过与皮革材质的结合，起到
画龙点睛的视觉冲击。

作品2

SUN LINE

皮影艺术在现代服装设计中的拓展运用

《年轮》

• 本系列作品是设计师对近年来时尚焦点Over Size的一个创作阐述。
• 通过个人对于廓形作品的理解，用简洁、概念的一些中性风基本款单品，搭配
黑、白、土、蓝四种色彩，彰显服装风格上的随性和大气。
• 在延续成衣感的基础上，突出作品整体的欧美风范。

作品3

《新航海记》

• 本系列作品运用红黄蓝的高明度色彩，大开大合地表现出作品的欢快和童真。

• 造型上借鉴了藏族和僧侣服饰的一些层叠披挂的细节，运用不对称的款式打破了一些基本款的陈式和刻板。

• 色彩和款式双重地缔造了作品的层次感，使作品整体上更加地张弛有度。

作品4

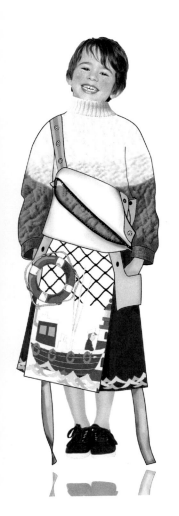

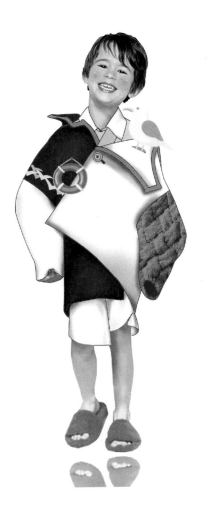

《野·重塑》

• 本系列作品沿袭了当下最热门的廓形设计，在宽松直身的外轮廓内，充分运用面料的二次处理，进行点、线、面的形式美处理，点缀款式造型的精华。

• 色彩上保持纯白的色调，通过不同的面料材质的肌理区分，追求细微丰富的差异美感。

作品5

《无规则·竹》

• 本系列作品通过红黄蓝绿的对比色系，旗帜鲜明地阐释了对自由和任性的渴求。
• 款式上受远古竹简的启发，又穿插了许多大唐的服饰细节，加上2017年度最潮的
袢带运用，演绎历史与现代的完美融合。
• 不羁随性的造型，内外层叠的部件……，寻求洋洋洒洒的感觉。

作品6

《妄想》

·本系列作品的创作启发来源于对一些极简单品的混搭尝试，不同品类、质感融合在一个系列之中，塑造一种全新的设计风格。

·款式上基本采用基础款，融入一些裙裾的披挂进行细节的点缀。

为了展现更好的视觉效果，在肩、腰等部位附加了不规则的造型物，增加整体上的气势和设计感。

·色彩上秉承欧美范经典的黑白灰大调，但点缀上了高饱和度的红黄两色，突出作品的时尚度。

作品7

《啦·啦·啦》

· 本系列作品灵感来源于西方现代艺术鼻祖—毕加索大师的作品。

· 抽象画般的彩色卡通印花充满了无尚的童趣，大面积的赤橙黄绿青蓝紫，如同调色板一样绽放起来，洋溢出浓郁的波普气息。

· 简约的大廓型款式使整体风格更加地富有现代感，看似随意却又点缀着视觉的亮点。

作品8

《消费》

- 二十一世纪是网络的时代,我们无时无刻不在消费着网络带来的讯息。
  本系列作品的创作灵感,正是来源于当今充斥我们生活各个角落的网络文化。
- 作品力求描述网络文化所特有的前卫、开放和谐戏,款式上定位成性别模糊的中性风单品,
  结合年度潮款的条纹、朋克、祥带等元素,打造出具有中国时代特色的新朋克风范。
- 宽松随性的造型,简约明朗的色彩,软硬组合的面料。

作品9

《矩阵》

•2017年，新锐摄影师任航的突然辞世让喜欢他的人们感到了意外和震惊，生命的脆弱，人生的意义……思索的同时萌生了强烈的创作冲动，于是通过此系列作品的完成致敬任航，表达对他的哀思。

•款式造型上借鉴了很多日系服饰的设计感觉，一些单品细节上的错位，面料质感上的搭配冲突，都是为了表述一种任航作品中那种反叛、不羁，向往无束的艺术追求。

•依旧是校园风，摈弃华丽的元素，但张扬的是大面积醒目的任航作品的写真印花，以此作为整套作品的创作亮点。

作品10

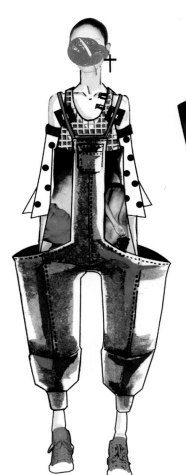

《星陨》

• 本系列作品的创作灵感来源于浩瀚的星际世界和对未来强烈的探究渴望。

• 款式上采用了多种大小不一的菱形几何体组合,色彩上也大面积使用了宇航风的银白色系,同时为了避免造型色彩带来的单一和冷漠,又于其中穿插了一些跳跃的霓虹色。

• 俊朗、酷帅,还有就是当下时尚圈风靡的"性冷淡"的创作风格。

作品11

《远方》

• 作品以我国西南地区少数民族的服饰元素为创作素材，通过披挂式的一些造型细节，再结合国际流行中的潮流趋势，力图表现中西文化的完美结合。

• 整套设计采用少数民族喜爱的红、黄、绿、橙、粉等对比强烈的颜色，图案以突出民族地方生活气息的花草纹样为主，表现出原生态的淳朴和自然。

• 为了更好地接轨国际前沿，融入了大量黑灰无彩色，以及近两年大热的条纹面料，和廓形感外形设计。

作品12

目录
CONTENTS

服装**创意**设计

服装创意是设计师自我的一种思维和意境的独有表达。

设计师从大千世界中获取自然、真实的生活素材，从中汲取创作养分，

巧妙融合进自己的设计作品中。根据自己的审美需求，运用联想思维和形式美的法则，进行概括、提

炼、归纳和组合，

从而设计出唯我的、优秀的、崭新的服装作品。

......

服装创意的设计原则

RELAX

《简析传统礼教文化在服装无骨造型中的渗透》

G R A D U A T I O N P R O J E C T

GRADUATION PROJECT

- 作为炎黄子孙，中国佛教的博大精深、孔孟之道的中庸礼数，都给了当代的人们太多的启迪和反思。怎样在越发功利性的社会中去还原远古社会的纯净，去平和人们浮躁不安的心灵，成为每一个现代人的迷惘和纠结。

- 于是尝试通过服装作品，呼唤人们对这种状态的渴望和努力，净化现实的生活和思想，让周围的一切变得更加简单和直白。

- 记忆中的僧侣道袍、木鱼香烛，无欲无求、普度众生，甚至是三餐的白米青菜，都成为一种创作中的源泉，汨汨而来。

- 将这种精神表现在服装中，凭借各种民间面料及装饰物的体现娓娓道来，让观者在审视之余再一次反思现在和过去——大自然的过度开发、亲情的淡漠，生活的本源、人类的存在，也许就会豁然开朗，明白些许生活的真谛了。

无骨造型
的设计灵感

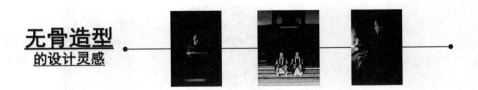

无骨造型的含义

1. 廓型： 轻盈、松散、棉柔、厚重

服装的无骨造型倡导穿着的舒适和放松，借助流畅的结构线体、衣裙线体等呼唤出生命的律动和声声不息，描述出生活的温情和幸福美妙。

无骨造型的含义

2. 色彩： 本白、土色、铅灰

服装的无骨造型受佛家思想的渗透和影响，多选用一些淳朴的自然色。拙朴的色彩洗去都市喧嚣的浮华，催使我们领悟出生存的本原。

GRADUATION PROJECT

无骨造型的含义

3. 面料: 纱布、棉花、粗纺土布、麻布

服装的无骨造型强调原生态面料的运用，充分发挥其材质的性能和特色，使其材质特点与服装无骨造型及风格完美结合、相得益彰。

GRADUATION PROJECT

无骨造型的含义

4. 装饰: 缠绕、点缀、扭曲、凹凸

服装无骨造型中的装饰运用多种服饰工艺手段对面料进行在塑造，改变面料原有的外观形态，突出面料的律动感、立体感和浮雕感。

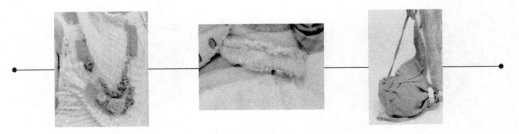

<u>无骨造型</u>的含义

5. 结构： 披挂、包缠、层次、重叠

服装的无骨造型多以自然形态的宽大面料披覆和包缠在人体之上，充分追求和表现人体的自然之美，突出古典主义的艺术风格。

<u>无骨造型</u>的含义

6. 工艺： 原始缝制、粗糙接缝、拙朴线迹

服装的无骨造型在工艺表现上力求还原一种原生态的拙朴，以及人类本能的工艺塑造，细节上强调连接处接缝、线迹的自然。

无骨造型的作用

1. 展现服装的风格美

服装无骨造型崇尚简单自然，主张通过无拘无束的造型手段直接表达明晰的礼教精髓，形式上追求释放、平和与朴实，整体上表现出对传统礼教文化信奉和忠诚的风格特征。

RELAX

无骨造型的作用

2. 保持服装的整体美

服装无骨造型注重把握作品的整体感，把单个的要素置于次要的、欣赏的位置。从廓形、色彩至面料、结构，甚至于每一个点的细节，都力求突出整体上的创作宗旨，在喧嚣繁华的当代渴求一种对生活平和简单的生存向往。

无骨造型的作用

3. 突出服装的装饰美

　　服装无骨造型主要是在面料上通过多种工艺技法的运用，使平面的面料产生出不同的肌理效果，使其在肌理、形式或质感上产生较大或质的改变。

RELAX

无骨造型的设计成品

RELAX

无骨造型的设计成品

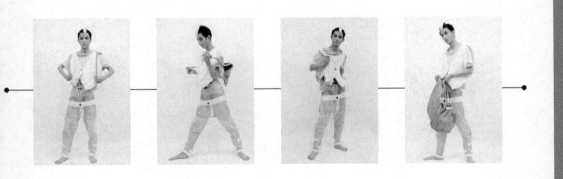

无骨造型的设计成品

无骨造型的设计成品

RELAX

无骨造型的设计成品

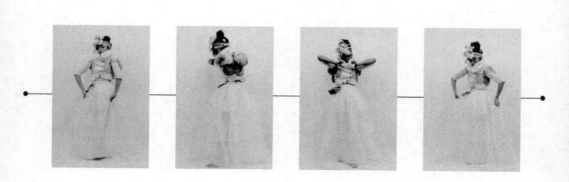

RELAX

SUN LINE

SUN LINE

皮影艺术在现代服装设计中的拓展运用

SUN LINE

当太阳，月亮和地球形成一直线；
当爱、人和生活融为一整体；
我们渴望无拘无束的天地，
渴望温情与关爱。

以多种风格的混搭为创作基础，
通过自我的认识和创新，
表达一种全新的人文关怀，
希望当今的世界加强新的了解，
创造更大的辉煌，
为融合、为友爱加油！

SUN LINE
设 计 说 明

作品以经典的西服
作为每款的单品基础，
在细节中融入和服、礼服等
多种设计元素。

更以中国的皮影
作为图案的创新突破，
通过与皮革材质的结合，
起到画龙点睛的视觉冲击。

SUN LINE

皮影艺术

皮影戏是中国民间古老的传统艺术，
又称"影子戏"或"灯影戏"。
据史书记载，皮影戏始于战国，兴于汉朝，盛于宋代，
元代时期传至西亚和欧洲，可谓历史悠久，源远流长。

SUN LINE

SUN LINE

创新运用 1

皮影戏，又称"影子戏"或"灯影戏"，
是一种以兽皮或纸板做成的人物剪影，
在蜡烛或燃烧的酒精等光源的照射下用隔亮布进行演戏的艺术形式。
有感于此，在创作过程中，作品突出服装的外部造型剪影，
摈弃内部一些繁琐的衣纹衣褶处理，重点渲染强调每一款单品的外部轮廓，
从某种意义上也正是借鉴了皮影艺术的精髓所在。

在服装**廓形**中的拓展运用

SUN LINE

创新运用 1

在服装**廓形**中的拓展运用

SUN LINE
皮影艺术

创新运用 2

近年来，印花主题的服装设计作品频频亮相与各大国际秀场，
成为设计师们创作追逐的热门元素。
有感于此，在创作过程中，作品将我国传统的云纹图案作为纹样底纹，
以数码印花技术为加工手段，再覆盖上用电脑绣花中镂空绣制作的皮影剪影，
揉合进极具西洋韵味的单品款式中，品味混搭融合带来的穿越美感。

在服装纹样中的拓展运用

SUN LINE
皮影艺术

创新运用 2

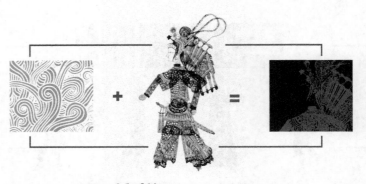

在服装纹样中的拓展运用

SUN LINE
皮影艺术

创新运用 3

皮影元素在整套的设计中被奉为作品的精髓，
被精心地设置在服装的不同部位，起着画龙点睛的效果。
衣肩、衣袖、衣摆、衣胸，
无不透过作品的设计布局，触动观者的视线和心灵，
体味享有2000年远古艺术——皮影文化带给我们现代的震撼。

在服装细节中的拓展运用

SUN LINE
皮影艺术

创新运用 3

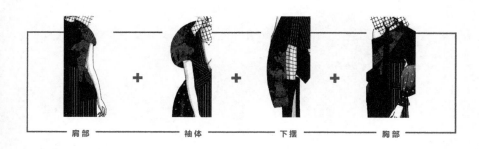

肩部 ———— 袖体 ———— 下摆 ———— 胸部

在服装细节中的拓展运用

服装造型创意

服装造型是设计中最浓重的笔墨,对作品设计效果的最终呈现起着直接至关的制约作用。

系列设计中,各种单品造型上下、内外的穿插搭配,都会呈现出完全迥异的视觉效果,丰富和活跃着整体的设计环节。

......

服装造型创意/

廓型创意

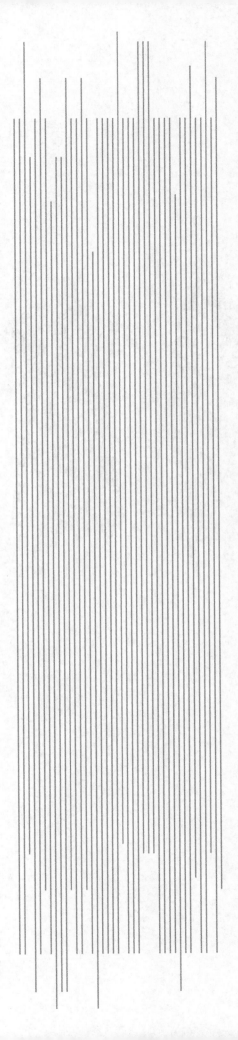

年轮的交叠，印证了岁月的迁徙，
每一条伤痕，印刷着新的灵魂。
一层一层剥开，
你会看见鲜亮的太阳，
在闪光的肌肉上跳动，
你也会看见洁白的月光，
映出世间沧桑。
岁月在上面凝固，生活从上面淡出。
提炼出尊严，生长出厚度。

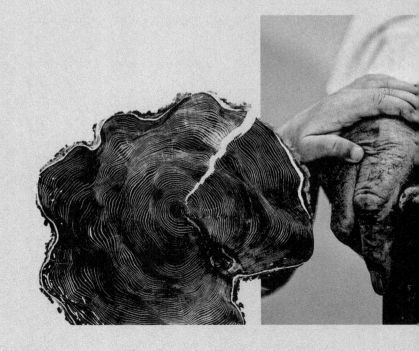

2

色彩

大地　　　茶白　墨色　苷青

材料

3

面料小样

工艺说明

运用了皮革、狐狸毛、水貂毛等材质拼接而成，毛皮进行硝制、染色，与皮革面料相辅相成，并造成草与皮材质与色彩上的对比。

款式

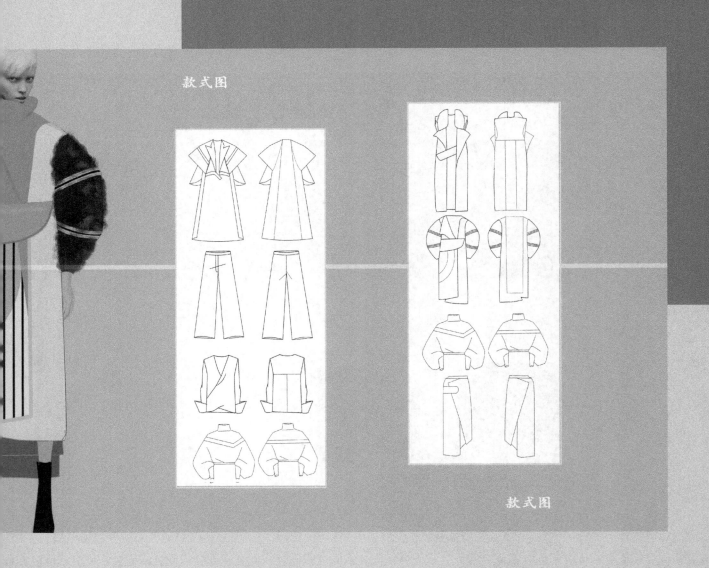

款式图

款式图

服装造型创意／

色彩创意

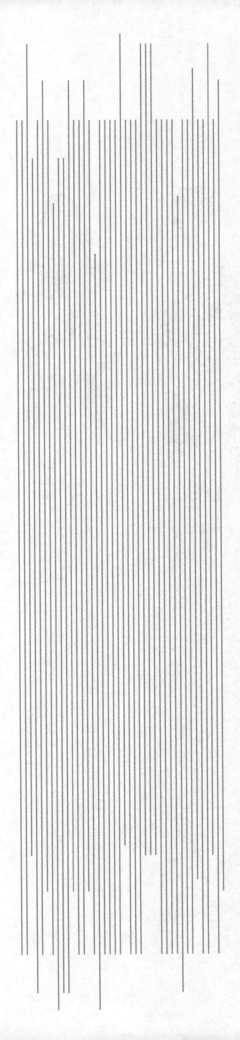

Design description

inspiration source

Description: 人类始于海洋，航行的探索一直是无法避开的话题。重回自然，放眼碧波万里，远方的灯塔，指示前进的方向，此次设计就以航海为主题风格，采用跳跃活泼的色彩打破传统航海风，开启新式的航海风，不规则的款式加上卡通手绘的航海印花图案，充满童趣，工艺上用贴布印花，面料选用牛仔，粗针织来打造出混搭的新航海风。

key words: 航海 印花 趣味

2

色彩

天蓝　　午夜蓝　　深红　　纯白

3

材料

不规则的款式加上卡通手绘的
航海印花图案，充满童趣，
工艺上用贴布印花，
面料选用牛仔，
粗针织来打造出混搭的新航海风。

Style drawing

Style two

Style one

款式

Style drawing

Style one

Style two

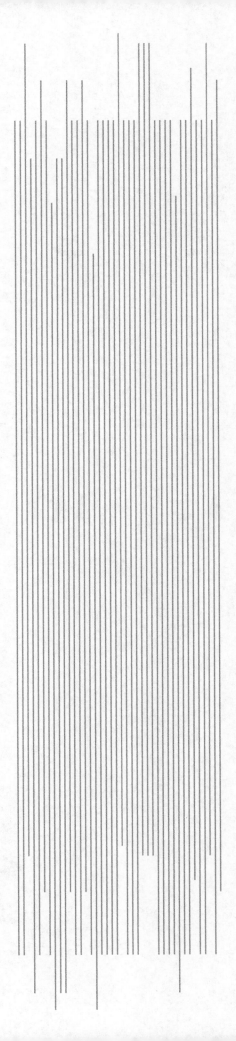

服装造型创意/

材质创意

1

灵感

灵感提取

Inspiration extraction

2

色彩

铅灰　　米白　　本白

3

材料

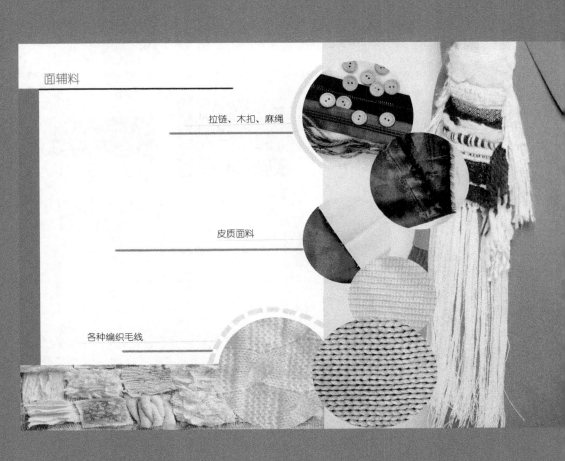

面辅料

拉链、木扣、麻绳

皮质面料

各种编织毛线

4

款式

款式图

服装 **细节** 创意

　　服装内部的细节创意既是整件作品的画龙点睛，又是系列拓展的统一和延伸元素。
创意中有了细节的表现，服装的功能与审美就能更加趋于完善，流行亦能寻找到一种最合适
的表述载体。

······

服装细节创意 /

部件创意

1 灵感

No obvious boundaries.
Irregular lines

The lines are on the clothing.

Funny letters

The Bamboo and wooden slips element.

2 色彩

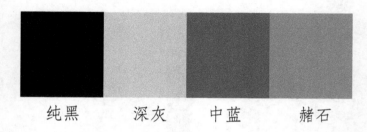

纯黑　深灰　中蓝　赭石

3 材料

The richness of color, and the grand shape of our work, is the main combination of the most popular ribbons and the hard line in architecture. Form a masculine image. Most of the fabrics use thick, texture-sensitive denim to show a hard state of state.

YOU ARE SUPER COOL TODAY
NO RULES
YASCT

4

There is no rule in the world, whether it is the salt pan
or the dividing line between the beach

款式

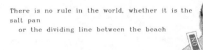

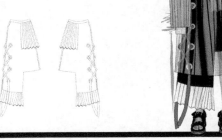

and the sea, or between the Milky way, the image and the
reality of the characters.

YOU ARE SUPER COOL TODAY
NO RULES
YASCT

There is no rule in the world, whether it is the salt pan
or the dividing line between the beach

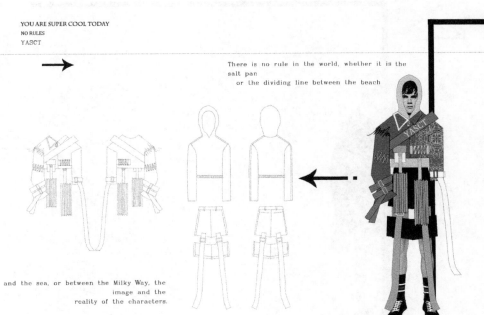

and the sea, or between the Milky Way, the
image and the
reality of the characters.

5

款式

There is no rule in the world,
whether it is the salt pan
or the dividing line between the
beach

and the sea, or between the Milky Way,
the image and the
reality of the characters.

YOU ARE SUPER COOL TODAY
NO RULES
YASCT

YOU ARE SUPER COOL TODAY
NO RULES
YASCT

and the sea, or between the Milky Way,
the image and the
reality of the characters.

There is no rule in the world,
whether it is the salt pan
or the dividing line between the
beach

6

There is no rule in the world, whether it is the salt pan or the dividing line between the beach

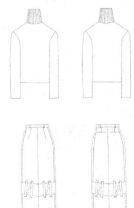

and the sea, or between the Milky Way, the image and the
reality of the characters.

YOU ARE SUPER COOL, TODAY
NO RULES
YASCT

服装细节创意/

配饰创意

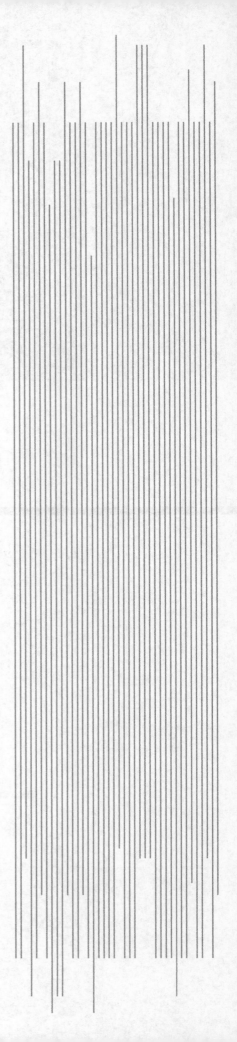

灵感来源

让我们仰望　让我们想象出　情人的眼睛
想象出眶　忽明忽暗　一点点凑近
一点点扩张　将我们吞噬.
Let us hope ,let us imagine , the eyes of the lover
imagine , suddenly and suddenly, a little bit close
a little bit of expansion , engulfing us .

2

色彩

金色　　纯黑　　象牙　　纯红

3

材料

THE SECOND WITCH'S PODKET FASHION DESIGN COMPETITION

CLOTH FABRIC
MESH FABRIC
SUIT FABRIC

面料小样
THE FABRIC SAMPLE

5

款式

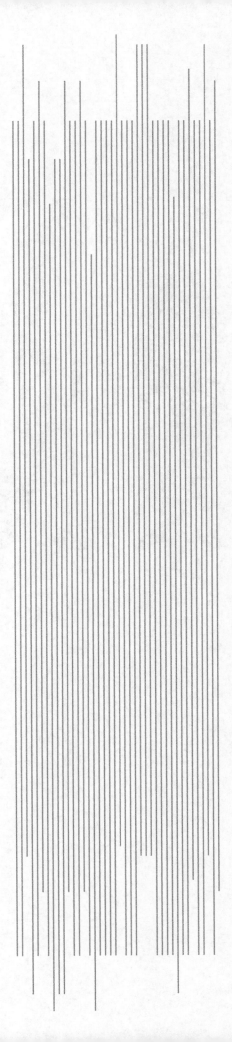

服装细节创意 /

图案创意

1

灵感

Design description

inspiration source

Description: 此次设计灵感来源于毕加索的画，抽象画般的彩色印花现代感十足，搭配上简约的轮廓剪裁和时装风格，变得格外简洁利落并富有现代感！看似随意地在服装上绘满了抽象的彩色图案，如调色盘般的绚丽感，洋溢着色彩浓郁的波普风格。

key words: 波普 抽象 艺术 趣味

2 色彩

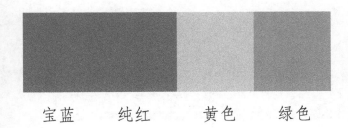

宝蓝　　纯红　　黄色　　绿色

3 材料

4

款式

Chart:

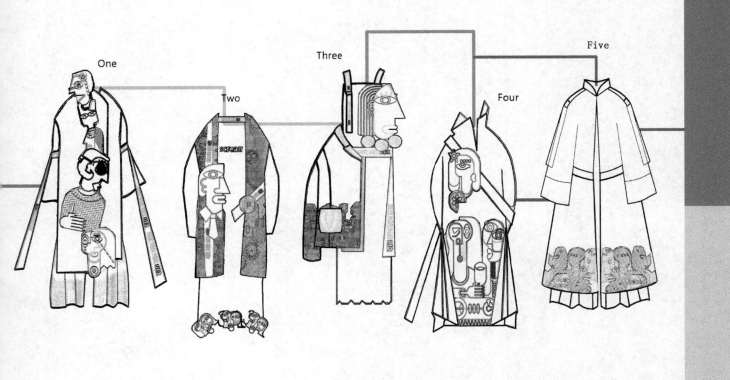

One Two Three Four Five

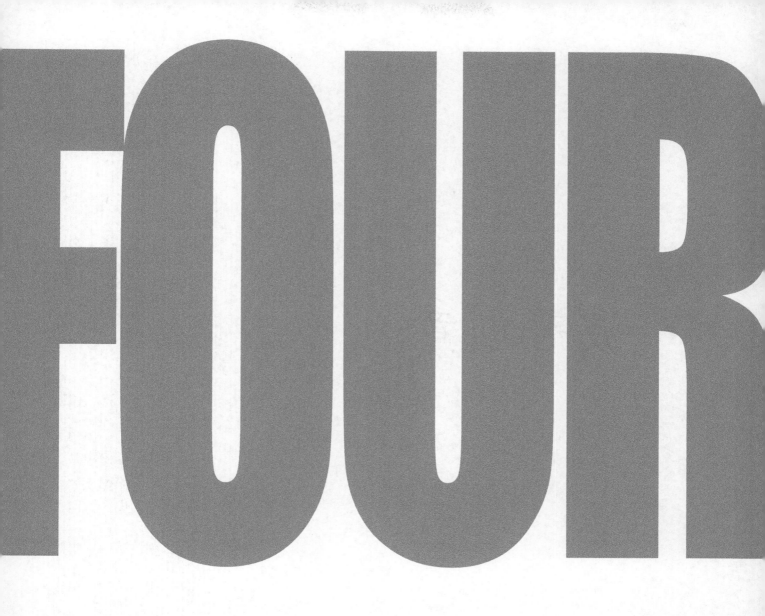

服装**风格**创意

风格创意是设计师通过作品的型、色、质的组合,而表现出的一种特有的艺术韵味。

设计师对时尚审美的独特见解,和与之相适应的独特手法所表现出的作品面貌,构成了服装的风格创意。

......

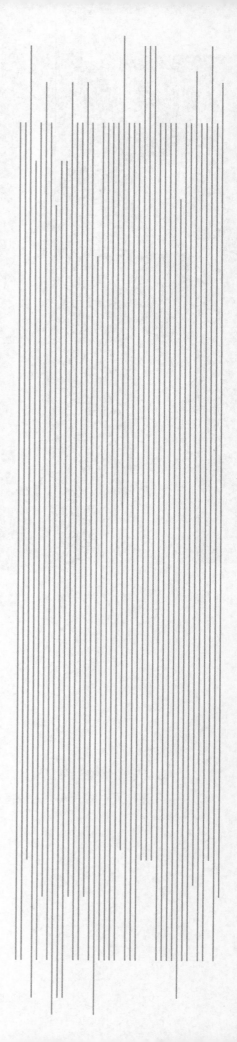

服装风格创意/

波普创意

1

灵感

消费
Fashion Rendering
消费

消费
Inspiration
灵感来源
本次毕业设计灵感来源于"网络文化"。何为网络文化，在我理解来看，网络就是一个大的虚拟环境，它把全世界多维度的连接，每个人无视无刻不暴露在这种环境当中。这个环境充斥着各种各样的情感，各式各样的事物，你不能说它是好的，你也不可否认它是坏的，看人们如何接受。
对网络环境的理解是这样的:它加快了信息传播的节奏，人们可以很快的了解到来自世界各地的最新的资讯。
网络用一些关键词来形容，它是"开放的"、"充
的"、"卖萌"、("快销"-"快餐消费")、"戏谑"!
主题思想
本次设计的主题为："消费"，在如今的网络时代，我们无时无刻不在消费着网络带给我们的讯息，我们在消费着"网络文化"。
本次设计以网络文化为灵感，理念是追求网络文化中前卫、开放和戏谑的元素在设计中的融合运用，将风格定位为模糊性别感的中性风格，又带有戏谑的玩趣感，融合当前的流行元素。
消费
Theme

2

色彩

纯黑　　　　赭石　　　　深红

3

材料

消费 Fabric
面料小样

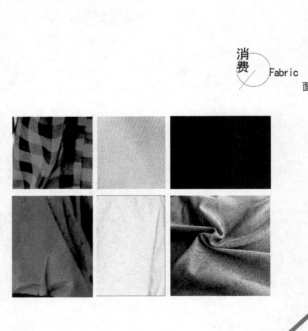

面料小样

结合当下的流行与此次设计的风格，在□
装的面料选择方面，着手于打造模糊性别□
中性风，在服装面料的选择上，既有硬朗□
牛仔面料，又有垂坠感强的丝绒面料，神□
面料作为中性风必备的面料也被应用到本□
的毕业设计当中，男性穿着丝绒材质的卫□
和吊带长裙，模糊了男性的性别，作为女□
宽大挺括的牛仔大衣，及牛仔裤等，同样□
糊了女性的性别，这些面料的材质之间的□
比发酵出前卫中性的风格。

（面料颜色具体以效果图为准）

消费 Process Drawing
款式4-工艺及面料分析

拉链

此面料为丝光绒面料小样

图-3
上衣版型参考

此面料为丝光绒面料小样
（面料颜色具体以效果图为准）

裙开叉的末

扣子

图-2
深色牛仔面料

图-1

注释1：虚线均为白色的缝线及装饰线
（如图-1例）
注释2：图-2为裙子的面料参考样
注释3：裙子裙口无收省且无松紧带，
为宽松廓形，如效果图所示用腰带收
口。

款式

4

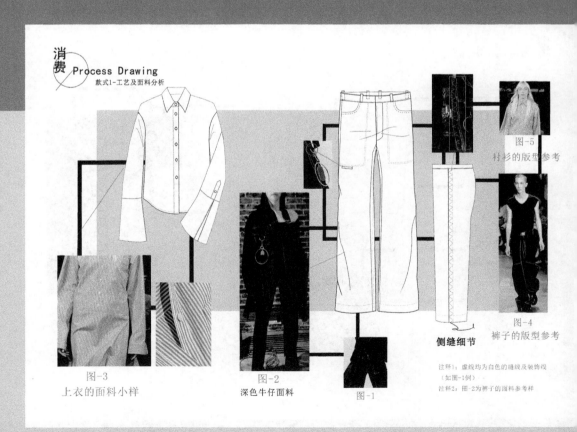

消费 Process Drawing
款式1-工艺及面料分析

图-5
衬衫的版型参考

图-4
裤子的版型参考

侧缝细节

图-3
上衣的面料小样

图-2
深色牛仔面料

图-1

注释1：虚线均为白色的缝线及装饰线
（如图-1例）
注释2：图-2为裤子的面料参考样

5

款式

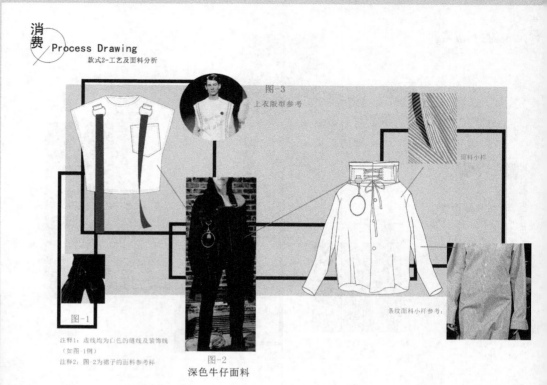

消费 Process Drawing
款式2-工艺及面料分析

图-3
上衣版型参考

面料小样

条纹面料小样参考

图-1

注释1：虚线均为白色的缝线及装饰线
（如图-1例）
注释2：图-2为裙子的面料参考样

图-2
深色牛仔面料

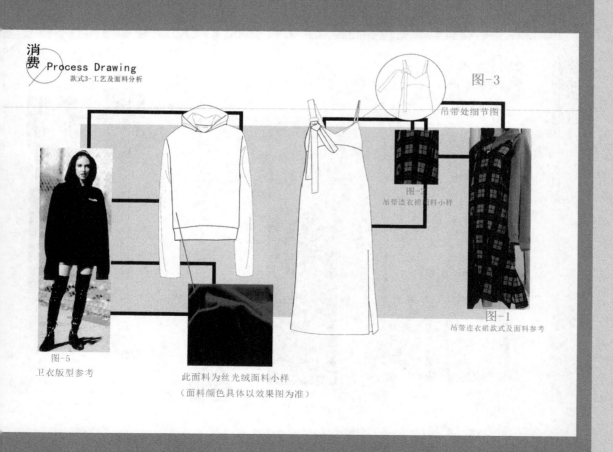

消费 Process Drawing
款式3-工艺及面料分析

图-3
吊带处细节图

图-4
吊带连衣裙面料小样

图-1
吊带连衣裙款式及面料参考

图-5
卫衣版型参考

此面料为丝光绒面料小样
（面料颜色具体以效果图为准）

服装风格创意/

休闲创意

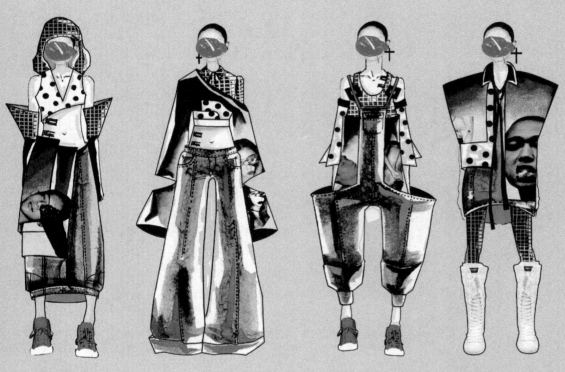

2 色彩

柠檬黄　宝蓝　石板灰　纯黑

3 材料

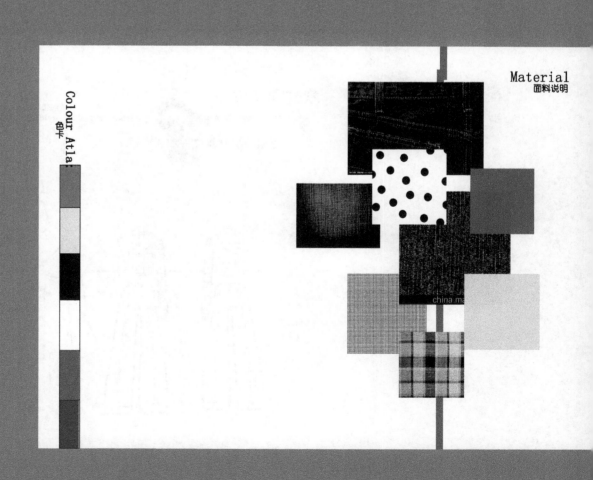

Colour Atlas
色谱

Material
面料说明

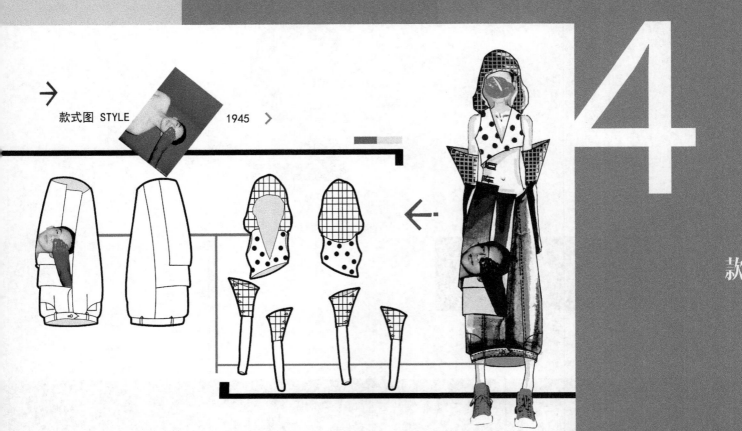

款式图 STYLE　　　　1945 >

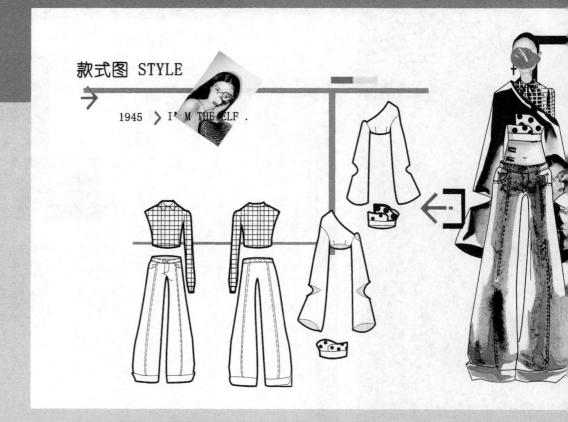

款式图 STYLE

1945 > I'M THE ELF .

5

款式

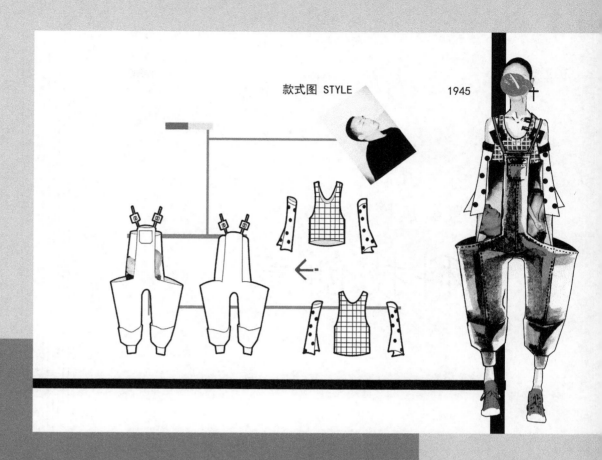

款式图 STYLE   1945

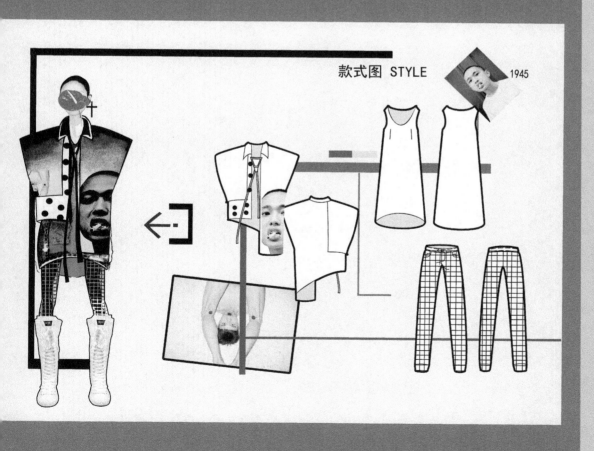

款式图 STYLE   1945

服装风格创意／

科技创意

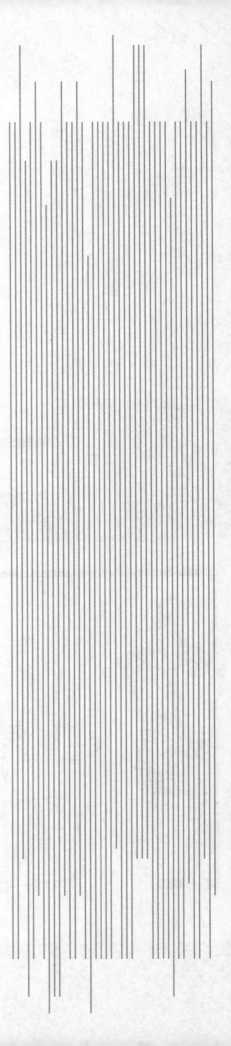

灵感

灵感来源

2

色彩

| 粉红 | 纯黑 | 灰色 | 耐火砖 |

3

材料

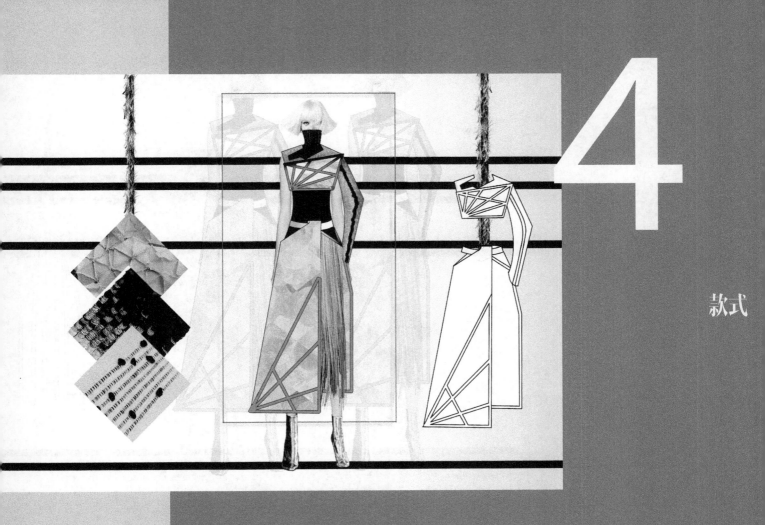

款式

5

款式

优秀设计作品

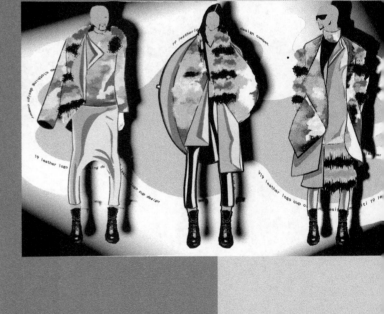

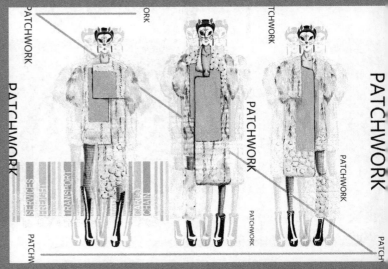

Some People Say That Loneliness Is Shameful. But Fashion Is A Means Of Resistance Alone. This Is Fashion Realm.

cked away in our
bconsciousness is an idyllic
sion. We see ourselves on a
ng trip that spans the
ntinent. We are traveling by
ain. Outside the windows, we drink
the passing scene of cars on
arby highways, of children
aving at a crossing, of cattle
azing on a distant hillside,
smoke pouring from a power
ant, of row upon row of corn
d wheat.

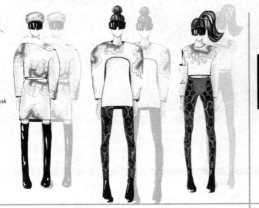

THE DREAM OF NUTCRACKER

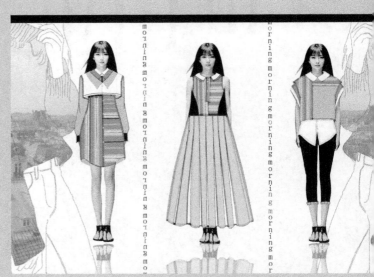

065

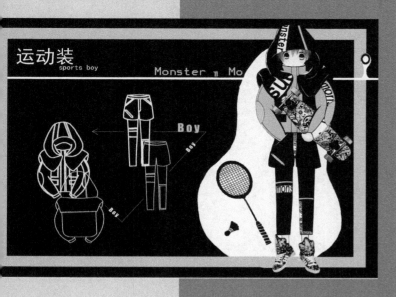

运动装
sports boy

Monster ᴨ Mo

Boy

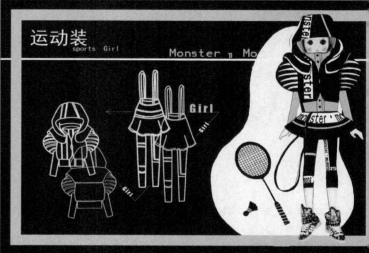

运动装
sports Girl

Monster ᴨ Mo

Girl

正装
suit Boy

Monster ᴨ Mo

BOY

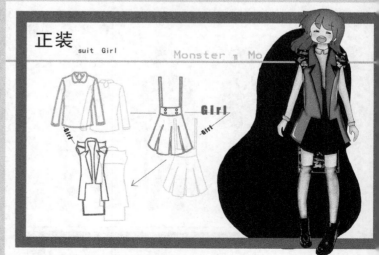

正装
suit Girl

Monster ᴨ Mo

Girl

BOY'S SUIT

GIRL'S SUIT

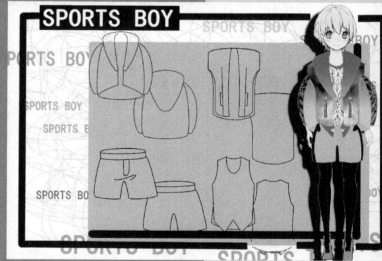

SPORTS BOY

SPORTS GIRL

Magic
魔法

Vitality

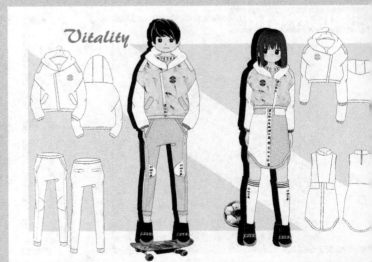

Vitality

tippet

coat

overcoat

dress

boots

NO. 1   NO. 2   NO. 3   NO. 4   NO. 5

Designed by Yang Xu

2015/12

New society

(In the daylight I must wait for the sunrise, I must think of a new life, and I mustn't give in.)

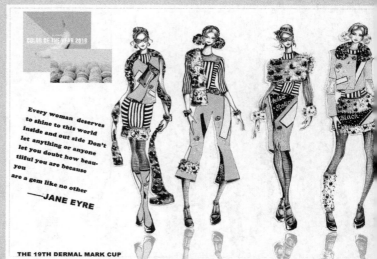

COLOR OF THE YEAR 2016

Every woman deserves to shine to this world inside and out side Don't let anything or anyone let you doubt how beautiful you are because you are a gem like no other

—JANE EYRE

THE 19TH DERMAL MARK CUP

MEDITATION
intangible   no bondage   happy

Meditation is free, and there is no rule that is bound to be seen.

MEDITATION
freedom   enjoy   spirit

Everyone needs to be thought, and meditation will make us have a thought.

主题："旅·形"

Neverland

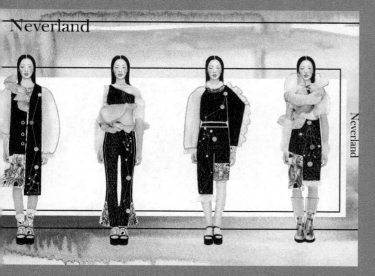

Neverland

19th the CLM Award 19th the CLM Award 19th the CLM Award 19th th CLM Award

Nineteenth Leather Logo Cup Barrier——Fog

发现·未发现 DISCOVER

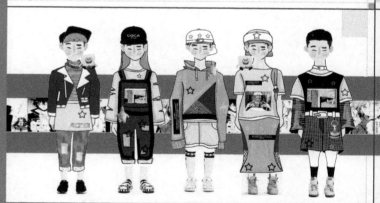

关于莉莉周的一切

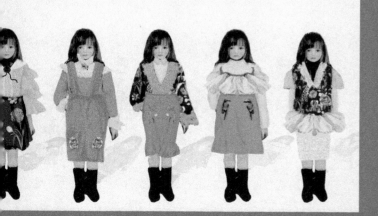

来自最美的兔子

Space travel

绿途

面料小样

作品名称《I'm fine》

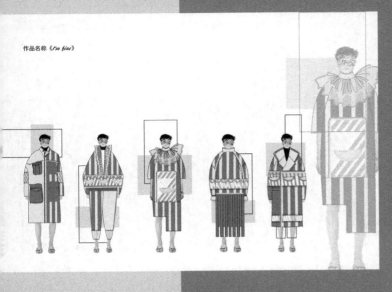

We come back

作品名称：鹤霜旦起

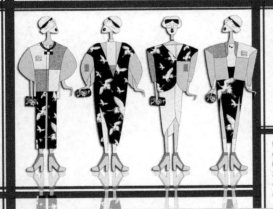

灵感图，设计元素：

设计说明：
仙鹤一直都是正义的化身，象征着勇
敢和无畏，也象征着中国的吉祥。本
次图案设计以散点的形式排列在服装
中，有松有紧，富有节奏感，与服装
相结合，传统却又不失现代感。

YOU ARE DISGUSTING.

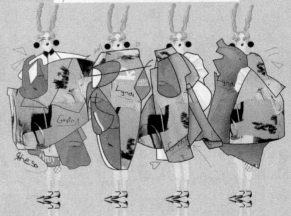

Back effect diagram

The green vegetation of the tropical rain forest, the palm leaf prints the pattern to bring the fresh and fresh feeling, the bright color combination brings the fresh vitality for the baby.

Girl 2

Girl 1

The green vegetation of the tropical rain forest, the palm leaf prints the pattern to bring the fresh and fresh feeling, the bright color combination brings the fresh vitality for the baby.

Boy 2

Boy 1

Back effect diagram

城堡中的古怪少女

拼·出色

此系列运用大量几何色块拼接在柔软承垂的面料上，几何的硬朗感与面料的柔软产生对比，黑、红、白的对比也产生强烈的视觉效果。整个系列运用极简的线条，以此来表现人们好运的穿着，活力四射的性格。

——在路上

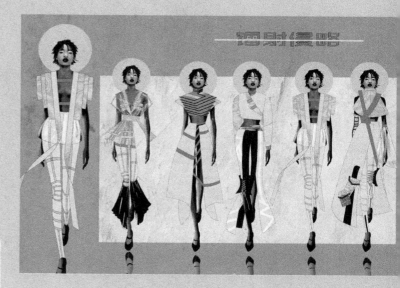

Robin girl

迷失的假日

troupe little vagrants of the world, leave your footprints in my words.

black humor

■ 詞不达意
■ 詞不達意

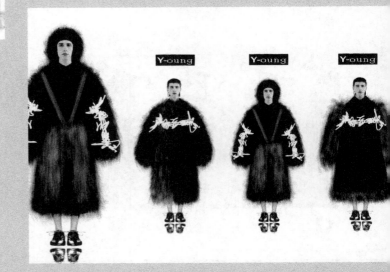

Life is full of confusing and disordering particular time, a particular location, do the arranged thing of ten million time in the brain. Step by step, the life is hard to avoid delicacy and stiffness, no enthusiasm forever and no unexpected happening of surprising and pleasing. So, only silently ask myself in mind, next happiness, when will come? next happiness, when will come? next happiness, when will come?

再生

Hello，你好！

play

prank
INTERESTING GIRL

Unique girls
are
Unique
Suit way
like a
prank

2017.7.1   12:13 AM......

TOY STORY
乐鲨杯2017江苏省服装院校童装设计大赛

"乐鲨杯"2017江苏省服装院校童装设计大赛

哪吒不闹海

"乐鲨杯" 2017江苏省服装院校童装设计大赛

♥ 童年の味道 ————— "乐鲨杯" 2017江苏省服装院校童装设计大赛